빛깔있는 책들 203-4

동양란 가꾸기

글/윤국병 ● 사진/윤국병, 손재식

대원사

윤국병 ─────────────

농림부 중앙임업시험장 사업과장,
고려대학교 농과대학 교수를 지
냈다. 현재 연세대학교 강사이며,
한국조경학회, 한국정원학회 고
문, 서울특별시 문화재위원으로
있다.
「동양란 가꾸기」를 냈다.

손재식 ─────────────

신구전문대학교 사진학과를 졸업
했다. 대림산업과 대원사 사진부
등에서 근무하였고 「빛깔있는 책
들」 가운데 전통 문화 및 자연 시
리즈 10여 권의 사진을 찍었다.

동양란 가꾸기

사진으로 보는 동양란

중국춘란 송매(宋梅), 매판계이다. 중국춘란 가운데 가장 인기있는 종류이다.

중국춘란 원매(圓梅), 매판계이다.

중국춘란 서신매(西神梅), 매판계이다.

중국춘란 집원(集圓), 매판계이다.

중국춘란 용자(龍字), 수선판계이다.

중국춘란 왕자(汪字), 수선판계이다.

중국춘란 당자포(唐紫包), 색화계이다. (왼쪽)
중국춘란 녹운(綠雲), 기형화이다. (오른쪽 위)
중국춘란 여호첩(余胡蝶), 기형화이다. (오른쪽 아래)

13

한국춘란　황화계(黃花系)이다. (왼쪽)
한국춘란　주금화계(朱金花系)이다. (오른쪽)

한국춘란 소심계이다.

한국춘란 쌍두화(雙頭花)이다. (왼쪽)
한국춘란 꽃잎이 아래로 처진 기종(奇種)이다. (오른쪽)

일본춘란 광림(光淋), 적화계이다.

일본춘란 일신(日新), 적화계이다.

일경구화 대일품(大一品), 녹경(綠莖)이며 일경구화 가운데에서 가장 유명한 품종이다.
  (왼쪽)
일경구화 정매(程梅), 적경계이다. (위 왼쪽)
일경구화 남양매(南陽梅), 적경계이다. (위 오른쪽)

일경구화　극품(極品), 녹경계이다. (위 왼쪽)
일경구화　선록(仙綠), 녹경계이다. (위 오른쪽)
일경구화　단혜매(端蕙梅), 적경계이다. (오른쪽)

일경구화 온주소(溫州素), 녹경계 소심이다.

일경구화 금오소(金塢素), 소심계이다.

제주한란　홍화계(紅花系)이다.

제주한란 적자색계(赤紫色系)이다.

제주한란 녹색계이다. (왼쪽)
제주한란 청색계이다. (오른쪽 위)
제주한란 홍경사계(紅更紗系)이다. (오른쪽 아래)

일본한란 실호금(室戶錦), 적화계이다. (위 왼쪽)
일본한란 속옥(速玉), 적화계이다. (위 오른쪽)
일본한란 일광(日光), 도화계이다. (오른쪽)

일본한란　황원(黃源), 황화계이다.

일본한란 황원(黃源), 황화계이다.

일본한란 황원(黃源), 황화계이다.

일본한란　옥관(玉冠), 소심계이다. (왼쪽)
일본한란　귀설(貴雪), 소심계이다. (오른쪽)

운남춘란 황연(黃燕). 최근에 소개된 신종란이다.

사천설란　적화. 최근에 소개된 신종란이다.

춘검란 아미소(峨眉素), 최근에 소개된 신종란이다. (왼쪽)
춘검란 운남대설소(雲南大雪素), 최근에 소개된 신종란이다. (오른쪽)

춘검란 백옥소(白玉素). 최근에 소개된 신종란이다.

운남운소　최근에 소개된 신종란이다.

대만보세란 서옥(瑞玉)이다.

대만보세란 애국(愛國)이다.

대만보세란 육황(旭晃)이다. (왼쪽)
대명란 금봉금(金鳳錦)이다. (오른쪽)

대만보세란 양로(養老)이다.

대명란 학지화(鶴之華)이다.

대만보세 양로지송(養老之松)이다.

대만보세 신고산(新高山)이다.

대만보세 일황관(日晃冠)이다.

한국춘란   흰갓줄무늬(覆輪)이다.

한국춘란 중투호반(中透縞斑)이다.

일본춘란 대설령(大雪嶺)이다.

일본춘란 금각보(金閣寶)이다.

일본춘란 봉황전(鳳凰田)이다.

일본춘란 봉황전(鳳凰田)이다.

일본춘란 윤파지화(輪波之花)이다.

일본춘란 수문산(守門山)이다.

옥화란 명옥(明玉)이다. (위)
금릉변 월장(月章)이다. (아래)

건란 일출(日出)이다.

소심란 봉(鳳)이다.

적야소심 봉래의 꽃(蓬萊之花)이다.

동양란 가꾸기

난에 관한 이야기

난(또는 난초)은 원예적(園藝的)으로 볼 때 두 가지로 나뉜다. 하나는 이 책에서 다루는 동양란이고 또 하나는 양란이다.

동양란과 양란

동양란은 중국을 위시하여 우리나라와 일본의 난대 지방에 나는 종류로서 식물분류학으로 볼 때 심비디움(Cymbidium)이라는 무리에 딸려 있다. 따라서 잎이 크고 작은 차이는 있지만 대부분 외모가 비슷하다. 이와 견주어 양란은 세계의 열대 지방에 나는 무리로서 카틀레야(Cattleya)를 비롯하여 파레노프시스(Phalaenopsis), 시프리페디움(Cypripedium) 같은 여러 종류가 있으며 외모 또한 다양하다.

그뿐만이 아니라 동양란과 양란은 자생지의 생육 환경이 크게 다르기 때문에 가꾸는 방법도 다르고, 생김새의 차이로 관상의 대상도 크게 달라진다.

동양란은 그 잎이 그려내는 곡선미와 그것이 자아내는 동양의 운치 그리고 수수하게 생긴 꽃이 풍겨내는 그윽한 향기를 즐기기 위해 가꾼다. 이에 견주어 양란은 외모에서 곡선미나 운치는 찾아볼 수 없으나 꽃이 크고 빛깔이 아름답기 때문에 꽃의 화려함을 감상하기 위해 재배한다.

동양란은 그것이 나는 지역이 동양의 세 나라이기 때문에 그러한 이름이 붙기는 했으나 난의 정서와 운치가 동양적이고 양란이라고 부르는 무리는 서양 사람들의 기호와 어울리는 외모를 가지고 있어 둘 다 이름과 잘 어울린다.

동양란의 고귀함과 멋

동양란을 가꾸어 관상하는 풍습은 역사가 깊고 그 고고한 외모와 그윽한 향기로 예부터 '왕자(王者)의 꽃' 또는 '군자의 꽃'으로 비유되어 왔다.

난에 관한 옛 노래 가운데에 「기란조」(倚蘭操)라는 것이 있다. 이 노래는 공자가 지은 것으로 난을 빌어 지조(志操)를 노래한 것이다.

공자는 그 무렵 세태의 어지러움을 크게 걱정하여 중국의 모든 고을을 하나로 묶어 거대한 이상향(理想鄕)을 세워야겠다는 생각을 가졌다. 그래서 여러 나라의 왕후(王候)를 찾아다니면서 왕도(王道)의 필요성을 이야기하였다. 그러나 공자를 중용(重用)하려는 왕후가 없어 맥 없이 고향으로 되돌아가게 되었다. 고개를 넘어 골짜기를 지날 때에 공자는 잡초 속에 피어난 한 포기의 난을 보았다. 난은 잡초 속에 묻혀 있으면서도 그 자태가 무척 의연했으며 힘껏 꽃을 피워 그윽한 향기를 아낌 없이 뿜어내고 있었다. 고고한 생김새와 훌륭한 향기로 보아 이 꽃은 좋은 정원에서 가꾸어져야 마땅했다.

공자는 마음이 편안해짐을 느끼면서 난을 빌어 슬픔을 달래는 노래를 한 수 지었는데 초야에 묻혀 살아도 나는 사람들에게 아부하지 않을 것이며 이 난처럼 깨끗하게 그리고 자유롭고 편안하게 살아갈 것이라는 내용이다.

기원전 2세기 무렵인 전한시대(前漢時代)에 유향이라는 사람이 지은 「설원」이라는 책 속에는 아래와 같은 글이 실려 있다.

"與善人居, 如入蘭芷之室, 久而不聞其香, 則與之化矣"

어진 사람과 함께 있으면 마치 난꽃의 향기가 가득 차 있는 방에 들어간 듯이 그 사람의 착한 언행이 눈에 뜨인다. 그러나 시간이 지나면 난의 향기를 느끼지 못하는 것처럼 착한 행실이 눈에 띄지 않게 된다. 그것은 바로 자기 자신도 착한 사람에 교화되어 저도 모르는 사이에 착한 행동을 하게 되기 때문이라는 것이다.

또 송나라 말엽의 유명한 시인인 황산곡(黃山谷)은 "난에는 군자의 자세가 있으며 또한 난에는 사대부의 기개가 있다"고 하였다. 군자는 마음이 깨끗하고 행실이 올바른 사람을 가리키는 말이고 사대부는 인격이 높고 학덕이 뛰어난 사람을 두고 부르는 말이다.

옛날 사람들은 매화와 난을 가장 높이 쳤는데 매화는 찬 기운으로 꽃이 피므로 그 품위가 맑고, 난은 고요함이 꽃으로 변하므로 기품이

동양란은 잎이 그려내는 운치와 그윽한 꽃향기를 감상의 대상으로 한다. (왼쪽)
양란은 화려한 꽃을 감상의 대상으로 보며 운치 같은 것은 찾아 보기 힘들다. (오른쪽)

깊고 그윽하다고 하였다. 난을 그리는 간절한 마음은 청나라 시인 도제(道濟)의 시에서도 엿볼 수 있다.

"세월이 사람을 머물게 하지 아니하니 홍안이 어느덧 저절로 늙었구나, 어느날에 소상강(瀟湘江)가로 돌아가 그대와 더불어 옛 정을 다시 나눌손가." 여기에서 그대는 난을 의인화한 것이다.

난의 참된 멋과 아름다움은 사철 변치 않는 자태와 잎이 그려 내는 우아한 곡선미, 그윽한 꽃 향기에 있으며 그 조화 속에 군자의 진면목이 담겨 있는 것이다. 그래서 예부터 난을 국향(國香)이라고도 일컬었다.

난 가꾸기의 역사

난을 가꾸어 그 운치를 즐기는 풍습은 다른 문물의 경우와 마찬가지로 주분포지인 중국에서 시작되어 우리나라로 넘어왔다.

중국에서는 기원전부터 난을 군자에 빗대어 높이 쳐 왔으나 가꾸기 시작한 것은 북송(北宋) 중엽, 곧 11세기 중반 이후라고 한다. 그러나 난 재배가 널리 퍼진 것은 남송 시대(南宋時代)로 접어들면서부터이다. 이러한 사실은 남송 시대 중말기인 소정 6년(紹定六年, 1233)에 조시경(趙時庚)이라는 사람이 「금장난보」(金障蘭譜)라는 책을 저술한 것을 보아 알 수 있다. 또 순우 7년(淳祐七年, 1247)에는 왕귀학(王貴學)의 「왕씨난보」(王氏蘭譜)가 간행되어 쉰 몇 가지 난이 소개되었다.

이 두 책에 소개된 난은 그 당시 복건성(福建省)의 장주에서 가꾸어지던 것들이라고 한다. 복건성은 남송의 수도였던 건강(建康), 곧 오늘날의 남경에서 조금 떨어져 있다. 기후가 온화하고 습도가 높아 난이 잘 자라 남송에서 난 가꾸기의 중심지가 되었던 것으로 보인다.

그 무렵 문인인 양보지(揚補之)와 승려인 화광(花光)에 의해 난이 묵화의 소재로 다루어지기 시작한다. 그리고 명나라로 접어들면서 난은 사군자의 하나로 중요한 위치를 차지하기에 이른다. 이러한 사실은 난의 보급과 보편화와도 밀접한 관계가 있다고 볼 수 있다. 우리나라의 경우 고려 중엽에 간행된 여러 문집에서 난에 관한 시문(詩文)이 드문드문 보인다. 그러나 이것은 중국 시문의 영향을 입은 것이고 실제로 난을 가꾸어 즐기기 시작한 것은 고려 말로 보아야 할 듯하다. 고려 말의 문인인 이색(牧隱 李穡)이나 정도전(鄭道傳)의 문집에서 난을 가꾸어 즐긴 구체적인 이야기가 보이기 때문이다. 또 정몽주 어머니가 난분(蘭盆)을 껴안은 꿈을 꾸고 낳았기 때문에 아명을 몽란(蒙蘭)이라 했다는 사실이 「포은집」(圃隱集)에 실려 있다.

이러한 사실을 종합해 볼 때 고려 후기 중반에 이미 사대부 계층 사이에서 난 가꾸는 취미가 퍼져 나가고 있었음을 알 수 있다. 우리나라 난의 역사가 중국에 견주어 백 년쯤 밖에 뒤지지 않는 셈이다.

세종 때에 간행된 「향약집성방」(鄕藥集成方)에는 난에 대한 식물학적인 설명, 곧 잎의 생김새와 길이, 난의 종류 따위가 구체적으로 나와 있다. 이러한 내용은 조선조로 들어와서 난이 더 널리 퍼졌음을 가리킨다고 하겠다. 비슷한 시기에 나온 강희안(姜希顔)의 「양화소록」(養花小錄)이라는 책은 호남 해안 지방의 여러 산에 좋은 난이 난다고 소개해 놓았다. 그와 함께 난을 가꾸는 요령이 오늘날과 거의 같게 설명되어 있다.

이렇게 성행하던 난 가꾸기는 조선 중기로 접어들면서 시들해진다. 갖가지 외침(外侵)과 내란(內亂)으로 난을 즐길 만한 여유를 갖지 못했던 것 같다.

조선조 후기에 이르러 나라가 평온해지고 학문이 크게 일어나자 이백 년 가까운 긴 세월 동안 잊혀져 왔던 난이 다시 사대부 계층에서 관심을 끌기 시작했다. 1800년대 초인 순조 때 갖가지 책자에 난이 다양하게 다루어졌다.

헌종(憲宗) 때 서유구라는 학자가 실학적 백과전서인 「임원경제지」(林園經濟志)를 내놓았다. 이 책에는 오늘날 우리가 가꾸는 대표적인 동양란의 종류가 거의 빠짐 없이 수록되어 있다. 그뿐만이 아니라 난 가꾸는 방법이 요즈음 원예 서적보다 나을 정도로 상세하게 소개되어 있다. 한편, 그 무렵에 제주도에서 유배 생활을 하던 추사 김정희는 무료함을 달래기 위해 한라산을 섭렵하다가 제주한란을 발견하게 된다.

이처럼 우리나라에서는 근세 후기에 접어들어 난 가꾸기와 그 관상이 성행했지만 경제적으로 시간적으로 여유를 누릴 수 있었던 양반 계급에 한정되었을 것이다. 그만큼 난은 정성이 들어가는 까다로운 화초이다.

원정 민영익의 묵란도. 그는 난을 꽃의 신으로 여겼다고 한다.

난의 특징

난의 분포

식물분류학으로 난과식물(蘭科植物)에 속하는 난은 일만 수천 종에 이른다.

난과식물은 한대 지방이나 건조 지대를 빼고 광범한 지역에서 난다. 위도로 말하면 남북으로 50도 이내가 난의 자생지이다. 하지만 주로 산악 지대나 외딴 섬같이 인적이 드문 곳에서 많이 볼 수 있다.

일반적으로 분포의 중심을 세 지역으로 나누는데 첫째 아시아의 난대 지역과 열대 지역 및 남양의 여러 섬, 둘째 아프리카와 그 부근의 여러 섬, 세째 멕시코 이남의 중남미 지방이다.

이 가운데에서 아시아의 난대 지역에 나는 것을 동양란이라 부르고 그 밖의 지역에 나는 것을 보통 양란이라고 한다.

생육의 특징

난과식물은 생육 환경에 따라 사는 방법이 다르다. 한대와 온대

및 난대 지역에 나는 종류는 다른 식물과 마찬가지로 흙 속에 뿌리를 내려 살지만, 늘 고온다습한 환경에서 자라는 난은 나무 줄기나 바위 표면에 달라붙어 뿌리를 공중에 드러낸 상태로 살아나간다.

흙에 뿌리를 내리고 사는 무리를 지생란(地生蘭)이라 하고 나무 줄기나 바위에 붙어 사는 종류를 착생란(着生蘭), 또는 기생란(氣生蘭)이라고 한다. 난대 지역에 나는 난 가운데에도 간혹 다른 물체에 붙어 사는 것이 있기는 하지만 동양란이라고 불리는 무리는 모두 지생란이다. 그에 견주어 양란에 속하는 종류는 거의 착생란이다.

형태의 특징

사철 푸른 잎을 가지고 있는 난과식물은 종류에 따라 크고작은 차이는 있지만 모두가 비대한 줄기를 가지고 있다. 동양란은 여러 장의 잎이 합쳐지는 부분에 둥근 구근과 같은 작은 조직이 형성되는데 이것이 줄기이다. 양란의 줄기는 대체로 막대기모양이다. 이 조직은 수분과 양분을 갈무리하는 기능을 갖고 있고 구근과 같은 생김새를 하고 있어 가덩이줄기(假球莖)라고 한다.

가덩이줄기는 종류에 따라 판이하게 다른 생장 과정을 보인다. 하나는 가덩이줄기의 맨 아랫 부분에 눈이 생겨나 해마다 그곳에서 새로운 가덩이줄기를 만들어 포기가 커져 가는 종류이고 또 하나는 가덩이줄기의 앞 끝에서 주기적으로 새로운 잎이 자라날 뿐 곁눈이 생겨나지 않기 때문에 늘 하나의 가덩이줄기만을 가지는 종류이다. 새로운 가덩이줄기를 만들어 포기가 커져 가는 무리를 복경란(復莖蘭), 그러한 능력이 없는 무리를 단경란(單莖蘭)이라고 한다. 복경란은 주기적인 포기나누기로 쉽게 증식시킬 수 있으나 단경란은 특수한 방법을 써야 하므로 증식시키기가 매우 어렵다. 그래서 동양란은 대표적인 복경란이고 양란 가운데 파레노프시스와 같은 것은 단경란에 속한다.

내부 구조의 특징

난과식물에는 다른 식물과 크게 다른 특징 세 가지가 있다.

난과식물에는 신생 조직(新生組織)이 없다.

나무와 같은 식물은 속에 신생 조직이라는 세포 무리가 있어 해마다 줄기와 가지와 뿌리가 굵게 살쪄 가는 현상을 보인다. 이 신생 조직은 몸이 상처를 입는 경우 아물게 하는 작용도 한다.

그러나 난과식물의 몸 속에는 이러한 조직이 없기 때문에 한 생육 기간 안에 일정한 크기까지 자라난 다음에는 더 이상 커지지 않으며, 상처를 입어도 가지를 치는 일이 없다. 또 굵어지는 생장을 하지 않기 때문에 뿌리가 밑동에서부터 끝까지 굵기가 같아 마치 가락국수와 같은 외모를 보인다.

난의 뿌리는 끝부분에 생장점(生長点)이 있어 새로운 세포를 만들어 내므로 계속 자라지만 생장점이 상처를 입고 나면 신생 조직이 없기 때문에 상한 상태 그대로 머물러 버리고 곁뿌리도 생겨 나지 않는다. 난과식물을 다룰 때에는 뿌리 끝에 있는 생장점을 건드리지 않도록 세심한 주의를 기울여야 한다.

난과식물의 뿌리는 저수 기능(貯水機能)을 가지고 있다.

난과식물의 뿌리는 일반 화초에 견주어 현저히 굵다. 이는 벨라민 층이라고 부르는 특수 조직이 뿌리를 감싸고 있기 때문이다. 곧 난의 뿌리를 가로 잘라 현미경으로 들여다보면 네 층으로 구성되어 있음을 알 수 있다. 가장 바깥의 두터운 층이 벨라민층이고 그 안쪽의 외피층과 내피층이 한가운데에 있는 중심주(中心柱)를 보호한다.

이 네 가지 층이 맡은 역할은 아래와 같다.

중심주　　뿌리가 해야 하는 가장 중요한 작용, 곧 물과 양분을 운반하는 작용을 한다. 또 뿌리가 끊어질 위험이 있을 때에는 거기에 저항하는 작용을 하기도 한다. 따라서 중심주는 매우 질긴 것이 특징이다.

내피층　　한 층의 세포로 이루어져 있으며 중요한 역할을 하는 중심주를 둘러싸고 보호해 준다.

외피층과 표피　　중심주와 내피를 보호하기 위한 조직으로 표피가 외피층을 둘러싸고 있다. 뿌리가 흙 밖으로 드러나 햇빛이 닿을 때에는 이 부분에 엽록소가 생겨 동화작용을 하는 일이 있다. 착생란의 경우 이런 현상이 흔하다. 햇빛이 닿지 않는 부분에는 마이코리자(Mycorhiza)라는 균이 들어 있다. 이 균은 난으로부터 양분을 얻어 살아나가는 한편 난에게 어떤 이익을 제공한다. 균이 어떤 작용을 하는지는 아직 명백히 알려져 있지 않으나 그것이 없을 경우 난이 제대로 자라지 못한다.

벨라민층　　죽은 표피 세포가 뭉쳐 만들어진 층으로 내부의 살아 있는 피층(皮層)과 중심주를 보호하는 작용을 한다. 그러므로 특히 착생란의 경우 이 층이 눈에 띄게 발달한다. 이 조직은 굵은 세포의 집합체로서 마치 해면(海綿)과 같은 구조를 가지고 있어 표면에 닿은 물을 재빨리 빨아들여 갈무리한다. 그래서 이 층을 저수 조직(貯水組織)이라고도 부른다.

뿌리의 이런 조직 때문에 난과식물은 물을 자주 줄 필요가 없다. 그래서 강수량이 많은 열대 지방에 나는 난은 거의가 나무 줄기나 바위거죽에 붙어 산다.

뿌리가 자라나는 방향

식물의 뿌리가 땅 속으로 파고들어가는 성질을 향지성(向地性)이라고 하는데 난과식물의 뿌리는 향지성이 매우 약하다. 그 대신 물기가 있는 쪽을 향해 자라나는 향습성(向濕性)이 매우 강하다. 착생란이 나무 줄기나 바위에 뿌리를 내리는 것도 강한 향습성 때문이다.

아울러 난과식물의 뿌리는 공기를 요구하는 성질도 매우 강하다. 이따금 동양란의 뿌리가 굵어 그 일부가 분토(盆土) 위로 치솟아오르는 일이 있는데 그것은 분토 속에 공기가 적기 때문에 생기는 현상이다. 분토의 굵기가 너무 작거나 지나치게 습해 공기가 자유로이 드나들 수 없을 때에 흔히 이러한 현상이 일어난다.

그러므로 난은 습기가 알맞게 유지되면서 통기성이 좋은 분토에 심어야 건실하게 생육한다.

동양란의 종류

한마디로 동양란이라고 해도 종류는 가지가지이다. 잎이 좁은 것이 있고 넓은 것이 있으며 꽃피는 계절이 다르고 꽃피는 모양도 다르다.

그 가운데에서도 가장 두드러진 차이가 꽃피는 모양이다. 꽃줄기가 자라나면서 단 한 송이의 꽃이 피는 것과 여러 송이가 뭉쳐 피는 것이 있는데 앞의 것을 난(蘭)이라 하고 뒤의 것을 혜(蕙)라고 한다. 또 다르게 난을 일경일화(一莖一花)라 부르기도 한다. 동양란의 중심지라 할 수 있는 중국에서는 한 송이만 피는 것을 높이 쳐 참된 난이라 불렀다.

다음으로 동양란은 잎의 크기에 따라 소엽계(小葉系)와 대엽계(大葉系)로 나뉜다. 일반적으로 동양란이라 하면 잎의 너비가 1에서 1.5 센티미터, 길이가 30에서 40 센티미터쯤 되는 소엽계에 해당한다. 대엽계 난은 잎의 너비가 3 센티미터 안팎이고 길이도 50에서 60 센티미터에 이른다. 때로는 소엽계를 세엽계(細葉系), 대엽계를 광엽계(廣葉系)라고도 하는데 잎이 큰 것은 작은 것에 견주어 고고(孤高)한 품격이 떨어진다.

대엽계에 속하는 것은 중국 보세란과 대만 보세란과 대명란의 세

가지뿐이고 나머지는 모두 소엽계이다.

동양란은 종류에 따라 꽃피는 시기가 다르다. 이것을 구분해 보면 다음과 같다.

중국보세란, 대만보세란, 대명란, 사란은 1월에서 3월, 중국춘란, 한국춘란, 일본춘란, 피아난란은 2월에서 4월, 일경구화는 3월에서 5월, 금능변은 5월에서 6월, 웅란, 옥화란은 7월에서 8월, 자란, 적아소심, 소란은 8월에서 9월, 소심란은 9월에서 10월, 한란은 10월에서 2월, 봉란은 11월에서 1월 사이에 핀다.

이처럼 동양란은 종류에 따라 꽃피는 계절이 다르므로 이를 감안하여 여러 종류를 수집해서 재배하면 거의 한 해 내내 꽃을 즐길 수 있다. 또 동양란은 향기가 일품인데 더울 때 피는 꽃이 향내가 강하고 추운 계절에 피는 것은 향내가 약하다.

소엽계의 종류와 그 특징

소엽계는 그 종류가 매우 많으며 특징도 다양하다.

중국춘란
참된 난(蘭)에 속하며 동양란 가운데 가장 일찍 가꾸어지기 시작했다.

이른 봄에 꽃이 피며 향기가 진하다. 이 난은 꽃잎의 생김새에 따라 매판(梅瓣), 하화판(荷花瓣), 수선판(水仙瓣)의 세 가지로 나누는데 그 밖에도 꽃잎이 비취빛을 띠거나 꽃모양이 기이한 종류가 있다.

매판　　잎이 매화꽃처럼 둥글게 생긴 것을 매판이라고 한다. 꽃이 가장 풍만하여 중국춘란 가운데 명품으로 치는 송매(宋梅), 서신매(西神梅), 소타매(小打梅), 노집원(老集圓) 들이 여기에 속한다.

하화판　　하화판의 하(荷)는 연을 뜻하는 말이다. 곧 꽃잎이 연의 꽃잎처럼 생겼으며 피는 모양도 연꽃처럼 꽃중심을 안듯이 오므라든다. 대표적인 품종으로 대부귀(大富貴), 대괴하(大魁荷) 들이 있다.

수선판　　꽃잎이 수선화 꽃잎처럼 생긴 무리를 일컫는다. 용자(龍字), 취일품(翠一品), 왕자(汪字) 들이 대표적인 품종이다.

소심　　꽃잎이 비취빛으로 맑게 피는 계통이다. 문단소(文團素), 장하소(張荷素), 청하소(靑荷素) 들이 있으며 장하소와 청하소는 꽃의 생김새가 하화판이면서 소심으로 피는 우수한 품종이다.

기종　　비정상적으로 피는 것을 말하는데 여호접(余胡蝶), 소접(笑蝶) 같은 품종이 있다.

중국춘란으로서 꽃이 인상적인 서신매이다.

일경구화

잎이 중국춘란처럼 가늘고 거칠다. 꽃줄기마다 여러 송이의 꽃이 피므로 혜(惠)에 속해야 하나 다른 종류의 혜와 견주어 꽃이 품위가 있고 잎 모양이 춘란과 흡사하기 때문에 난의 무리로 다루어진다. 꽃 줄기의 색채에 따라 녹경계(綠莖系)와 적경계(赤莖系)로 나누며 소심으로 피는 것도 있다.

소심란

혜 가운데에서 가장 고상하고 운치있는 생김새와 고고한 품위를 지니고 있다.

잎은 연한 초록빛인데 약간 넓고 반반하며 잎 가장자리에는 미세한 톱니가 있다. 이름 그대로 한 점의 티도 없이 맑은 비취색 꽃이 피는데 봄에 싹트는 새 눈도 꽃처럼 맑은 비취색을 띤다. 대표적인 품종으로는 운화관음소심(雲華觀音素心), 백운소심(白雲素心), 십 팔학사소심(十八學士素心), 십삼태보소심(十三太保素心), 대둔소심(大屯素心), 용암소심(龍巖素心), 영안소심(永安素心), 철골소심(鐵骨素心) 들이 있다.

소심란

일경구화

건란

본디 건란은 웅란을 비롯하여 자란, 소엽란, 옥화란 들을 두루 일컫는 이름으로 쓰여 왔으나 오늘날에 와서는 웅란만을 가리킨다.

중국 복건성에서 많이 나기 때문에 건란이라는 이름이 붙었으며 남성적인 외모를 가지고 있다. 잎이 꼿꼿이 서는 버릇이 있으며 길이는 50에서 60 센티미터, 너비는 1.5 센티미터쯤으로 네댓 잎이 한데 뭉쳐 자란다. 줄기 하나에 꽃이 여섯 송이에서 열두 송이까지 달린다. 황록빛에 적갈색의 줄이 여럿 나 있으며 강한 향기를 풍긴다. 가꾸기 쉽고 꽃이 잘 피므로 초심자가 가꾸기에 알맞다. 굵은 뿌리가 곧게 자라나므로 다른 동양란보다 깊은 분에 심을 필요가 있다.

자란

장란이라고도 하는 이 품종은 전체적인 생김새가 건란과 비슷하나 잎 끝이 약간 늘어져 여성다운 맛이 난다. 꽃의 생김새와 피는 시기도 건란과 같다.

자란

건란

소엽란

생김새는 자란과 흡사하나 잎이 약간 짧기 때문에 좀더 부드러운 느낌을 풍긴다. 잎 가장자리가 가느다랗게 황백색으로 물들기 때문에 소엽란이라는 이름이 붙었다.

건란과 같은 시기에 꽃자루마다 네댓 송이의 꽃이 피어 향내를 강하게 풍긴다. 꽃잎에는 자갈색의 작은 점이 흩어져 있다.

옥화란

잎은 자란보다 넓고 아래로 처지는 버릇이 있으며 윤기가 난다. 잎 가장자리가 가느다랗게 미색으로 변한다. 꽃피는 시기는 건란과 거의 같으며 꽃자루마다 네댓 송이의 꽃이 피어 좋은 향내를 풍긴다.

소란

일본의 구주 지방에서 나며 작은 건란을 연상하게 하는 생김새에다 너비가 6에서 8 밀리미터인 잎이 꼿꼿이 서서 남자다운 운치를 풍긴다. 하나의 꽃자루에 두세 송이의 꽃이 피는데 흰 바탕에 보랏빛을 띤 적갈색 줄무늬가 있다.

한봉란

동남 아시아의 난대 지방에 널리 나는 난으로 잎이 좁고 가장자리에는 톱니가 없어서 밋밋하다. 꽃자루가 아래로 처져 여덟 송이에서 열두 송이의 꽃이 달리는데 그 모양이 봉황새의 꼬리와 같고 추운 계절에 꽃이 피므로 한봉란이라 한다. 봄에 꽃피는 변종이 있는데 이것을 춘봉란이라 부른다.

금릉변

잎의 길이가 20에서 25 센티미터쯤으로 짧고 잎 가장자리는 밋밋하다. 한봉란처럼 꽃자루가 아래로 처져 꽃피며 달콤한 향기를 풍기기 때문에 품위가 크게 떨어진다. 잎에 흰빛이나 노란빛의 무늬가 든 품종이 많아서 그 무늬의 아름다움을 즐기려고 많이 가꾼다.

사란

잎의 너비가 3 밀리미터 안팎이고 길이가 40에서 50 센티미터나 되어 마치 실오라기처럼 보이기 때문에 사란이라고 하며 대만에 난다.

꽃은 꽃줄기마다 한 송이만 피는 것이 정상이지만 때로 두 송이가 피는 경우도 있다. 꽃 빛깔은 흰 바탕에 적갈색의 줄이 든다.

옥화란

소란

금릉변

사란

피아난란

대만에 주로 나며 사란과 일경구화의 중간 형태를 하고 있기 때문에 이 두 품종이 자연 교잡(自然交雜)되어 생겨난 종류로 보는 학자가 많다. 꽃줄기마다 두 송이에서 여덟 송이의 꽃이 피는데 꽃의 빛깔은 개체에 따라 많은 차이를 보인다.

한국춘란과 일본춘란

한국춘란과 일본춘란은 식물학에서 같은 종류에 속한다. 이들은 중국춘란과 외모는 같지만 꽃에 향기가 없기 때문에 중국춘란과는 다른 종류로 분류된다.

우리나라에서는 예로부터 보춘화(報春花)라는 이름으로 널리 알려져 왔으며 경상남도와 전라도의 야산에 많이 난다. 중국춘란과 마찬가지로 꽃자루마다 꽃이 한 송이씩 피지만 최근에는 소심(素心)으로 피는 것과 붉은빛이나 노란빛의 꽃이 피는 것이 심심치 않게 채집되어 비싼 값에 거래되고 있다.

피아난란. 대만 동북부산이며 산의 지명을 딴 이름을 붙였다.

한란

제주도와 일본의 남부 지방에 나는 난이다. 토양의 수분이 윤택한 숲속 완만한 경사지에 난다.

가늘고 길게 자라나는 잎과 옆으로 힘차게 뻗은 좁고 긴 꽃잎이 서로 잘 어울려 마치 깊은 산 속에 숨어 사는 은자와도 같은 고고한 멋을 풍긴다.

일본한란은 잎이 길고 가꾸기가 쉬우며 꽃도 잘 핀다. 이에 견주어 제주한란은 성질이 까다로와 꽃이 피기 어렵고 잎도 일본 것보다 짧은 편이다. 한란은 꽃의 빛깔에 따라 자한란(紫寒蘭), 청한란(靑寒蘭), 청청한란(靑靑寒蘭), 홍한란(紅寒蘭), 백화한란(白花寒蘭), 황화한란(黃花寒蘭) 들로 나뉜다. 이 가운데에서 꽃의 빛이 맑은 청청한란과 백화한란이 고귀품으로 다루어진다.

현재 우리나라 한란은 천연기념물로 지정되어 채취는 물론 도외(島外) 반출이 금지되어 있기 때문에 입수하기가 다소 어렵다.

한국춘란

일본춘란

제주한란

일본한란

대엽계의 종류와 그 특징

대엽계에 속하는 것으로는 보세란이 있다.

보세란

대엽계 난으로는 보세란이 있을 뿐이다. 이 난은 동양란 가운데에서 몸집이 가장 크고 잎이 넓기 때문에 웅장한 맛을 풍기지만 동양란의 특징인 고고한 풍취는 모자란다.

중국 본토의 복건성과 광동성, 운남성 같은 아열대 기후 지역과 대만에서 난다. 복건성과 운남성에 나는 것을 중국보세(中國報歲)라 하고 광동성에 나는 것을 대명란이라고 하는데 생김새가 약간 다르다. 대만에서 나는 것은 대만보세라 하여 중국보세보다 낮게 친다.

보세란은 음력 정초에 꽃이 피어 새해가 왔음을 가리킨다 하여 이런 이름이 붙었다고 한다. 중국에서는 달리 영세란(迎歲蘭)이라고도 부른다.

중국보세　　사람에 따라서는 이것을 지나보세(支那報歲)라고도 한다. 잎의 길이가 40 센티미터 안팎이고 빳빳이 서는 성질이 있다. 잎 끝이 갑자기 좁아지기 때문에 둥그스름한 느낌을 준다. 잎의 빛깔은 짙은 녹색이고 윤기가 나며 남성적인 아름다움을 풍긴다.

보랏빛을 띤 짙은 갈색 꽃이 핀다. 보세란을 묵란(墨蘭)이라고도 하는 것은 이 꽃 빛깔 때문이다. 때로는 맑은 비취빛 꽃이 피는데 이

중국보세란

를 백화보세(白花報歲)라고 하며 그 가운데에서도 녹묵소(綠墨素)라 이름 지어진 것을 높이 친다. 한편 잎 가장자리가 희게 변한 것이 있는데 이것을 상원황(桑原晃)이라고 부른다.

대만보세　중국보세에 비해 잎이 길기 때문에 사방으로 처지며 잎 끝이 서서히 좁아지므로 유난히 뾰족하게 보인다. 꽃의 빛깔은 중국보세와 마찬가지로 자갈색이 보통인데 취묵소(翠墨素)처럼 흰꽃이 피는 것을 비롯하여 홍화, 황화, 청화 들도 있다.

대만보세는 변이를 일으키기 쉬운 성질을 가지고 있어서 개체마다 잎에 여러 가지 아름다운 무늬가 나타난다. 이러한 변이종에는 저마다 품종명이 붙어 있는데 대표적인 것으로 신고산(新高山), 서옥(瑞玉), 서황(瑞晃), 서보(瑞寶), 애국(愛國), 대훈(大勳), 조옥(朝玉), 욱황(旭晃), 양로지송(養老之松), 대설원(大雪原) 들이 있다.

대명란　중국보세나 대만보세는 잎이 순하게 뻗지만 대명란의 잎은 중간 부분에서 약간 꼬이는 버릇이 있다. 잎 끝은 중국보세처럼 무디며 좀더 두껍고 유난히 윤기가 난다. 꽃의 빛깔은 다른 보세란과 같으나 유난히 짙어 검게 보이는 것이 있어서 이것을 광동묵란(廣東墨蘭)이라고 한다.

대명란에도 잎에 무늬가 드는 것이 있는데 금화산(金華山), 금봉금(金鳳錦), 태양(太陽) 들이 대표적인 품종이다.

대만보세란

대명란

동양란을 고르는 요령

뿌리가 실한 것을 고른다

동양란을 구입하고자 할 때에는 우선은 믿을 수 있는 난전문점을 찾아야 한다. 그리고 뿌리의 건강 상태를 살펴보는 것이 중요한데 새로 자라난 뿌리의 끝이 꺼멓게 변해 가거나 말라붙어 생기가 없는 것은 바람직한 상태가 못된다. 뿌리가 가덩이줄기마다 세 개 정도씩 붙어 있고 색이 희며 끝 부분이 물기를 머금어 신선한 느낌을 보여야 한다.

잎에 윤기가 돌아 신선한 느낌을 주는 것을 고른다

잎에 윤기가 흐르지 않는 것은 뿌리가 건실하지 않을 때나 겨울철에 월동 온도가 낮아 난이 쇠약해졌을 때에 생기는 현상이다. 새로 자라난 잎의 기부를 둘러싸고 있는 짤막한 치마잎이 싱싱해야 한다. 치마잎은 자라나는 눈을 감싸 보호하고 있던 섬유질의 피막을 가리킨다.

병 없는 건강한 개체를 고른다

난에도 여러 가지 병이 나기 마련이다. 그 가운데에서도 가장 무서운 것이 바이러스로 인한 병이다. 바이러스의 침해를 받은 난은 잎에 보기 흉한 얼룩이 생기고 심한 경우에는 생장이 위축되어 버린다.

이 얼룩은 잎에 엽록소가 없어짐으로써 생기는데 주로 잎의 윗부분 반 정도가 희끄무레하게 변하면서 작고 흰 점이 생긴다. 이렇게 되면 관상 가치가 크게 떨어질 뿐만이 아니라 꽃도 제 모습대로 피지 못하고 만다.

바이러스의 피해를 입은 난은 전염성이 강하고 정상 회복이 불가능하므로 건강한 난과 함께 놓으면 안 된다.

그 밖에도 잎이 꺼멓거나 갈색빛 반점이 나 있는 것, 치마잎과 뿌리가 연결되는 부분에 가늘고 흰 거미줄 같은 것이 붙어 있는 것은 피해야 한다.

난을 구입하는 데에 알맞은 계절

치마잎이 가을까지 싱싱한 상태로 있다면 그 난은 순조롭게 자라났다는 증거이므로 가을에 새 잎의 치마잎이 싱싱한 것을 고르면 무난하다.

또 9,10월은 외기 온도가 난에 가장 적합한 계절이므로 새로운 환경으로 옮겨진 난이 그 환경에 적응하기 쉬운 이점도 있다. 한편 춘란류는 반드시 꽃피는 시기에 꽃을 잘 살펴서 그 품종의 특색을 완벽하게 갖춘 것을 구입해야 한다.

동양란을 가꾸는 요령

동양란을 가꾸는 데에는 우선 알맞은 분과 배양토의 선택이 중요하다. 그와 함께 포기나누기와 갈아심기 그리고 물주기와 거름주기 요령을 알아두어야 한다. 또 적당한 환경과 더불어 병과 벌레에 대한 대책은 무엇인지 살펴본다.

난분의 기본적인 형태와 질

난분은 난이 순조로운 생육을 할 수 있고 난과 잘 어울리며 안정성이 높아야 한다. 일반적으로 난분의 기본 형태는 횡단면이 둥글고 지름보다 높이가 높으며 아래로 내려감에 따라 지름이 점차로 작아진다. 이러한 형태는 동양란의 뿌리가 신장해 나가는 습성과 공기의 드나듦을 감안한 것이다.

분의 직경과 높이와의 관계
난분은 높이를 10으로 할 때 윗가장자리의 지름이 6, 바닥의 지름이 4 정도가 되는 것을 고른다.

이러한 분은 난의 뿌리가 신장해 나가는 데 도움을 줄 뿐만이 아니라 물이 잘 빠지면서도 뿌리에 필요한 알맞은 습기를 오래도록 유지시켜 준다. 또 높이가 높기 때문에 생기는 불안정성을 덜어 주며 잎이 사방으로 처지는 습성을 가진 난의 외모와도 잘 어울린다.

분벽(盆壁)의 두께

난분은 되도록이면 분벽의 두께가 얇은 것을 고른다. 분벽이 두꺼우면 열전도가 잘 안 되어 분 속에 담긴 배양토가 좀처럼 마르지 않는다.

배양토의 말라드는 속도가 더디면 분 속이 오래도록 습하고 냉해서 뿌리가 잘 자라지 못하며 배양토 속으로 공기가 시원하게 드나들지 않아 뿌리가 썩어 버리기도 한다. 이러한 점에서 볼 때 유약을 입혀서 구운 사기분(沙器盆)은 과히 좋은 것이 못 된다.

배수공(排水孔)의 크기

화분 밑바닥에 배양토가 간직할 수 있는 수분말고 나머지 물이 분 밖으로 흘러 나가게 하기 위하여 화분 밑바닥에 뚫어 놓은 구멍을 배수공 또는 물빠짐 구멍이라고 한다.

앞에서 말했듯이 동양란의 뿌리는 알맞은 물기와 함께 항상 맑은 공기를 요구한다. 그러므로 난분은 특별히 배수공을 크게 뚫은 것을 골라 써야 한다. 배수공의 크기는 클수록 좋으며, 너무 큰 것은 깨진 분 조각이나 숯덩어리 몇 개를 겹쳐 막아 쓰면 된다.

난분 가운데에는 배수공이 안 바닥의 수평면보다 높게 뚫려 있는 것이 있다. 이런 분은 늘 필요 이상의 습기가 차게 되므로 뿌리가 쉽게 상한다. 따라서 바닥에 물이 고일 염려가 있는 분은 구입하지 않아야 한다.

난분의 빛깔

난분은 되도록 옅은 색 계통을 피하고 거무스름한 빛깔을 가진 것을 고르는 게 좋다. 거무스름한 난분은 열을 잘 흡수하여 배양토의 온도를 올려 놓는데 배양토의 온도가 알맞게 오르면 뿌리의 호흡 작용이 촉진되어 세포 분열이 왕성해지고 건실한 뿌리가 자라나게 된다.

합성수지로 만든 난분

최근에 플라스틱과 같은 합성수지로 만든 난분이 시판되고 있다. 이런 분은 외모가 미끈하고 가벼워 다루기가 쉬운 이점이 있지만 동양란의 생육 습성에 비추어 볼 때 결코 좋은 것이 못 된다.

흙으로 빚은 분에 키우는 난의 뿌리가 분의 안벽에 달라붙는 일이 있는 것은 바로 분벽을 통해서도 공기가 드나들고 있음을 가리킨다.

그런데 합성수지로 만든 난분에는 이러한 미세한 공기 구멍이 전혀 없다. 따라서 난의 생육에 이롭지 못한 것이 당연하다. 단시일에 눈에 띄는 차이가 나타나지는 않지만 오랜 시일을 두고 보면 흙을 빚어 구운 분에 심어 가꾼 것에 견주어 생육 상태가 떨어짐을 느끼게 될 것이다.

배양토

식물을 분에 심어 가꿀 때에 쓰는 흙을 배양토 또는 식재재료(植栽材料)라고 한다. 가꾸어야 할 식물의 생육 습성에 알맞게 여러 질의 흙을 섞어 쓰는 경우가 있는데 이러한 흙을 배합토(配合土) 또는 조합토(調合土)라고 부른다. 갖가지 관상 식물은 일단 분에 심겨지면 두세 해 동안은 그 흙 속에서 물과 양분을 빨아들이면서 생육과 생장을 계속하게 된다. 따라서 그 흙, 곧 배양토는 사람에 비기면 주택과 같은 성격을 지닌 것이다.

일반 식물은 물만 잘 빠지면 웬만한 흙에 심어 가꾸어도 별 탈 없이 잘 자란다. 그러나 동양란은 그 뿌리의 특성 때문에 보통 흙으로는 가꿀 수 없으며 알맞은 배양토를 써야 한다.

동양란에 알맞은 흙

일본에서는 동양란의 배양토로 쓰기에 적합한 녹소토(鹿沼土)나 적옥토(赤玉土)라는 특수한 흙이 나온다. 이 두 가지 흙은 점토질이면서도 둥글게 뭉쳐 있고 물을 끼얹어도 풀어지지 않는다. 거기다가 다공질(多孔質)이기 때문에 수분이 잘 유지되고 공기도 자유로이 드나들 수 있다. 그러므로 난의 배합토로 쓰기에 아주 적합하다.

우리나라에는 이런 흙이 나지 않기 때문에 일반적으로 화강암이 풍화하여 생겨나는 왕모래를 동양란의 배양토로 쓰고 있다. 그러나 이 왕모래도 화강암의 질에 따라 성질이 달라 물기를 잘 지니는 것이 있는가 하면 그렇지 못한 것도 있다.

배양토로 쓰는 왕모래는 대, 중, 소 세 가지 굵기로 분류해서 쓴다.

일본에서는 위에 소개한 녹소토나 적옥토말고 강산사(岡山砂), 조명사(朝明砂), 천신천사(天神川砂) 같은 입자가 굵은 모래도 쓰고 있는데 이는 모두가 화강암이 풍화하여 이루어진 것들이다.

이와같이 주로 화강암으로 이루어진 왕모래를 동양란의 배양토로 이용하는 것은 물빠짐과 공기의 드나듦이 필수 조건이기 때문이다.

그 밖에 최근에는 진흙을 덩어리지게 하여 불에 구워 만든 하이드로볼이라는 일종의 인조 토양이 시판되고 있다. 하이드로볼은 다공질이고 여러 가지 굵기로 생산되고 있으므로 적절하게 사용할 수 있다.

왕모래의 질과 굵기

화강암으로 이루어진 왕모래는 두 가지 성질을 가진 입자가 섞여 있다.

하나는 석영으로 유리 조각과 같은 형태를 지닌 반투명체(半透明體)인데 물을 전혀 빨아들이지 않는다. 또 하나는 장석인데 연한 황갈색을 띠고 있고 불투명하며 물기를 빨아들이는 성질이 있다.

난의 생육에서 흡습성이 중요하므로 왕모래는 되도록 연한 황갈색 입자가 많이 섞인 것을 써야 하며 또 그 모양이 둥글게 닳은 것보다 모가 난 것이 공기의 드나듦에 좋다.

왕모래는 우선 체로 쳐서 다음과 같이 세 가지 굵기로 분류한다. 곧 엄지손가락 끝마디만한 굵기를 가진 것(20 밀리미터 안팎), 콩알만한 굵기를 가진 것(6에서 10 밀리미터), 팥알만한 굵기를 가진 것(3,4 밀리미터)으로 나누어 물로 여러 차례 씻은 뒤에 햇빛에 잘 말려 적당한 용기에 담아 두었다가 필요할 때에 꺼내 쓴다.

하이드로볼

하이드로볼은 가장 작은 1호부터 가장 굵은 6호까지 여섯 종류가 시판되고 있다. 각 호의 굵기는 1호 2밀리미터, 2호 4 밀리미터, 3호 6 밀리미터, 4호 10 밀리미터, 5호 14 밀리미터, 6호 20 밀리미터로 동양란은 6호, 3호, 2호를 준비하면 무난하고 4호를 곁들이면 더 좋다. 하이드로볼을 사용할 때에는 체로 쳐서 가루를 없애고 써야 한다.

제주 경석(濟州輕石)

제주도에 있는 용암 가운데 불그스레한 빛을 가진 돌을 부스러뜨려서 동양란의 배양토로 쓰기도 한다. 이 돌은 본디 다공질이어서 물을 잘 빨아들이기는 하지만 구멍이 크기 때문에 습한 상태가 오래 지속되는 결함이 있다. 물을 알맞게 조절하면 배양토로 쓸 수는 있으나 일반적으로 과습 상태에 빠지기 쉬우므로 초심자는 쓰지 않는 것이 안전하다.

포기나누기와 갈아심기

두세 해 동안 난을 가꾸다 보면 포기도 커지고 굵고 실한 뿌리의 일부가 배양토 위로 드러나기도 한다. 한편 배양토 자체도 되풀이된 거름주기로 산성으로 기울어져 해로운 성분이 축적된다. 따라서 난의 생육이 좋지 않은 징조를 보이기 시작한다.

이 때 새로운 배양토로 갈아 주어 순조로운 생육을 계속시키는 작업을 갈아심기라고 한다.

갈아 심는 계절

한 해에 두 번, 봄과 가을에 갈아 심을 수 있다. 봄에는 4월 중순부터 5월 중순까지의 한 달 동안, 가을에는 9월 하순부터 10월에 걸친 동안이 적기이다.

가을은 난의 생장이 거의 끝나고 여물어가는 시기이므로 갈아심기에 가장 알맞다. 그러나 추운 지방에서는 이를 피해야 한다. 갈아심기로 생긴 영향이 채 가시기 전에 추위를 맞게 되어 냉기 피해를 입을 수가 있기 때문이다.

봄은 새 눈과 뿌리가 움직이기 시작하는 시기여서 갈아심을 때 좀 흠이 나더라도 기온 상승과 더불어 쉽게 회복될 수 있으므로 갈아심기에 좋은 계절이다. 일기가 불순한 이른 봄을 피하고 바깥 온도가 충분히 오른 4월 중순 이후에 해야 안전하다.

포기를 나누는 요령

동양란은 해마다 봄이 되면 눈이 자라나 새로운 촉을 형성한다. 촉은 서너 장의 잎이 함께 뭉쳐 그 밑에 둥근 가덩이줄기와 뿌리를 가진 하나의 단위를 말한다.

해마다 형성되는 촉은 서로 연결되면서 하나의 풀포기와 같은 상태를 이룬다. 이렇게 포기를 이룬 것이 알맞게 자라면 갈라서 따로 분에 심게 되는데 이를 포기나누기라고 한다.

포기나누기는 원칙적으로 두 촉 이상을 한 포기로 해서 갈라 놓아야 한다. 가장 이상적인 방법은 할아버지에 해당하는 촉과 아버지에 해당하는 촉 그리고 아들 촉의 세 촉을 서로 이어져 있는 상태로 갈라 내는 방법이다. 이렇게 심어 놓으면 새로 자라나는 촉도 어버이에 해당되는 촉과 같이 굵고 실하게 자라나 꽃도 계속 피어난다.

포기를 나누는 방법은 다음과 같다. 분을 옆으로 눕힌 뒤 분 허리를 주먹으로 가볍게 치면 왕모래가 느슨해지면서 포기가 떠 오른다. 이 때 분을 기울여 왕모래를 살며시 쏟아 난을 뽑아 낸다. 뽑아 낸 난은 뿌리의 죽은 부분을 가위로 다듬는데 죽은 뿌리는 얇은 껍질만 남아 있으므로 쉽게 분간할 수 있다.

뿌리를 정리한 난은 약하게 틀어 놓은 수도물로 씻어 지저분한 것을 제거한 뒤에 살균제인 다이젠의 오백 배 희석액에 5분 동안 잎 끝까지 깊숙이 담가 소독한다. 병의 징후가 전혀 보이지 않을 때에는 수돗물로 씻기만 해도 된다.

이것이 끝나면 촉을 알맞게 갈라 내는 작업을 한다. 큰 포기로 자라 촉 수가 많은 경우에는 두 손으로 중심부를 비틀어 우선 크게 둘로 갈라 놓는다. 그 다음 촉의 연결 상태를 상세히 관찰하여 세 촉 안팎의 단위로 다시 갈라 준다. 손으로 잘 되지 않을 때에는 두께가 얇고 너비가 좁은 예리한 칼을 써서 가르는 것이 안전하다.

칼을 쓸 때에는 우선 분리하고자 하는 촉의 가덩이줄기를 서로 반대 방향으로 약간 비틀어 놓는다. 그러면 연결되어 있는 모양과 뿌리가 붙어 있는 상태를 벌어진 틈새로 확인할 수 있다. 따라서 어느 곳에 칼을 넣어야 할지를 쉽게 판단할 수 있고 가덩이줄기나 뿌리를 다치지 않게 자를 수 있다.

새로운 촉의 성장에서 한 가닥의 뿌리가 하는 역할은 상상 이외로 크다. 그러므로 촉을 가를 때 절대로 뿌리를 다치지 않게 세심한 주의를 기울여야 한다. 그리고 상처를 냈을 때는 그 부위에 재나 짙은 먹물을 발라 썩지 않게 해 주어야 한다.

또한 동양란에는 바이러스에 감염되어 있으면서도 징후가 겉으로 나타나지 않는 것이 꽤 많다. 이렇게 감염된 난을 포기나누기할 때 쓴 칼을 가지고 건강한 난을 가르게 되면 칼날에 묻어 있던 균이 건강한 난의 몸 속으로 들어가 병을 옮기게 된다. 그러므로 칼로 포기를 가를 때에는 칼날을 불에 소독하여 멸균시킨 다음 사용해야 한다.

갈아 심는 요령

심기 위한 작업　　배양토로 쓸 왕모래는 세 가지 굵기로 갈라 놓은 것을 준비한다. 가장 굵은 것이 엄지 손가락의 끝마디 정도이고 다음이 대두알만하고, 가장 작은 것이 팥알만하다. 이 세 가지 왕모래말고 배양토 표면을 아름답게 덮을 입자가 작은 모래를 준비할 수 있으면 더 좋다. 이 모래를 화장모래(化粧砂)라고 하는데 굵기가 녹두알 또는 쌀알만한 것이라야 한다. 인공토양(人工土壤)인 하이드로볼을 쓸 때에는 6호, 4호, 3호, 2호의 네 가지를 준비하고 화장모래를 쓸 때에는 굵기가 2 밀리미터인 1호를 쓰면 된다.

한 번 썼던 난분을 다시 쓸 경우에는 물로 말끔하게 씻은 다음 일광 소독을 해서 써야 한다. 새로운 분을 쓸 때에도 우선 물에 담가 충분히 물기를 흡수시키고 먼지를 깨끗이 씻어낸 뒤에 사용하는 것이 좋다.

분의 청소가 끝나면 우선 바닥에 뚫려 있는 배수구멍을 깨진 분 조각이나 숯덩어리 두어 개로 느슨하게 막는다. 그 위에 엄지손가락 끝마디만한 굵기의 왕모래 덩어리를 두어겹 깐다. 하이드로볼을 배양토로 쓸 경우에는 6호 크기의 것을 두어겹 깔아 놓는다.

난을 분 속에 앉히는 요령　　분의 준비가 끝나면 갈라 놓은 난 포기를 왼손에 쥐고 뿌리를 분속으로 살며시 집어넣는다. 이 때 가덩이줄기를 쥐어야 하며 뿌리나 잎을 쥐어서는 안 된다. 우선 분 위 가장자리 높이보다 좀 낮게 가덩이줄기가 놓이도록 난 포기의 높이를 조절한다.

조절된 높이가 변하지 않도록 왼손으로 고정시키면서 대나무를 깎아 만든 젓가락으로 뿌리를 사방으로 펴서 분 속에 고루 배치시킨다. 뿌리가 지나치게 길고 많아서 포기를 알맞은 높이로 앉히기가 어려울 때에는 바닥에 깔아 놓은 굵은 왕모래 덩어리를 덜어낸다. 경우에 따라서는 뿌리가 다치지 않도록 일부를 감아서 넣어도 된다.

손가락으로 뿌리를 펴 놓을 때에는 꺾어지기 쉬우나 대나무 젓가

갈아 심는 요령

1 분벽을 손으로 쳐서 분토를 느슨하게 한 다음 난을 살짝 빼낸다. 2 포기를 알맞은 크기로 나눈다. 3 세 촉을 한 단위로 갈라 놓았다. 4 배수공을 막은 다음 2,3 센티미터 굵기의 왕모래를 두세겹 깐다. 5 난을 분 속에 넣어 알맞은 위치와 깊이를 정한다. 6 콩알만한 굵기의 왕모래를 넣는다. 대나무젓가락으로 저어 뿌리 사이로 골고루 들어가게 한다. 7 표면에 화장모래를 덮어 보기 좋게 한다. 8 작업이 다 끝나면 화분을 물에 담가 왕모래를 씻어낸다.

락으로 다루면 꺾어지는 일이 거의 없다. 젓가락의 끝은 둥글게 다듬어 뿌리에 상처를 주는 일이 없어야 한다.

난 포기를 분 속에 앉힐 때에는 새로운 촉이 자라나게 될 쪽에 많은 공간을 두고 묵은 촉이 분 가장자리에 오도록 조절한다. 그러면 새로운 촉이 자라나면서 위치가 균형이 잡혀 보기가 좋다.

배양토를 채우는 요령　　난 포기와 뿌리의 위치가 정해지면 난분 높이의 4분의 1에 해당하는 깊이까지 엄지손가락 끝마디만한 굵기의 왕모래 덩어리를 채운다. 하이드로볼을 배양토로 삼는 경우에는 6호로 채운다.

그 위에 콩알만한 크기의 왕모래를 넣는데 하이드로볼은 4호와 3호를 반씩 섞어서 쓰면 된다. 이 때는 배양토를 한줌씩 넣어 가면서 젓가락으로 가볍게 쑤셔 뿌리 사이에 흙이 고루 들어앉게 해 준다. 단번에 많은 양을 넣으면 뿌리 사이로 흙이 고루 들어가지 않고 군데군데 큰 틈이 생겨 난의 생육에 좋지 않은 영향을 준다. 특히 일경구화처럼 많은 뿌리를 가진 품종은 한꺼번에 많은 양의 배양토를 넣으면 아무리 손을 써도 뿌리 사이에 흙을 고루 채울 수가 없다.

이렇게 해서 난분이 절반까지 차면 나머지 깊이의 5분의 4를 팥알 크기의 왕모래로 채운다. 하이드로볼을 쓰는 경우에는 2호가 여기에 해당한다. 이 굵기의 배양토는 입자가 작으므로 젓가락으로 쑤시지 않아도 뿌리 사이로 고루 들어찬다.

나머지 5분의 1에 해당하는 부분에 녹두나 쌀알만한 크기의 화장모래를 덮어 준다. 화장모래를 덮어 주면 보기가 좋아질 뿐만이 아니라 가덩이줄기가 반 넘게 화장모래 속에 묻히게 되어 건조가 방지된다.

배양토를 채울 때에 주먹으로 분벽을 치거나 분바닥을 땅에 내리쳐서 배양토를 가라앉히는 따위의 행위는 절대로 삼가야 하다. 이렇게 조작하면 배양토 입자 사이의 공간이 좁아져 뿌리가 자라는데 지장을 준다.

심는 깊이　　동양란을 심을 때에는 가덩이줄기의 3분의 2쯤이 화장모래 속에 묻히게 한다. 가덩이줄기가 화장모래 위에 노출된 상태로 심어 가꾸면 줄기가 말라 새로운 촉이 잘 자라지 않는다. 반대로 지나치게 깊게 묻으면 가덩이줄기가 냉해서 촉이 실하지 못하고 허약하게 자라게 된다. 적당한 깊이로 심기 위해서 아래와 같은 방법을 쓴다. 곧, 팥알 크기의 배양토를 채우고 나면 분 깊이의 한 90 퍼센트까지 배양토가 들어차는 결과가 된다. 이 때에 분을 눈 높이까지 치켜올려 가덩이줄기의 높이를 살펴본다. 잎이 가덩이줄기와 이어지는 부분이 분 가장자리와 같은 높이에 있으면 알맞은 깊이로 심긴 것이다. 이보다 약간 깊게 자리하고 있으면 포기를 살며시 위로 잡아당겨 깊이를 알맞게 조절해 준다. 분 가장자리보다 높게 솟아 올랐을 때에는 분을 엎어 다시 고쳐 심어야 한다.

갈아 심은 뒤의 조치　　동양란은 품종명이 분명치 못할 때에는 가치가 크게 떨어져 버리므로 갈아 심는 작업이 끝나면 바로 품종 이름과 갈아 심은 날짜를 적은 표를 분 가장자리에 꽂아 품종이 혼동되지 않게 해야 한다. 갈아 심은 날짜를 적어 두는 것은 다음 번 갈아 심기를 하는 시기를 정하는데 참고로 하기 위해서이다.

이름표를 꽂고 나면 큰 양동이에 물을 가득 담아 갈아 심은 분을 물속 깊숙이 담근다. 그리고 담갔다 건져 올리는 작업을 여러 차례 되풀이 하여 배양토에 묻어 있는 미세한 가루흙을 깨끗이 씻어 버리는데 분 바닥의 배수구멍으로부터 완전히 맑은 물이 내릴 때까지 물을 갈아 가면서 계속한다. 그런 다음 분 전체를 맑은 물에 담가 십 분 가량 그대로 두어 충분히 물을 흡수시킨 뒤 분을 건져 올려 물뿌리개로 물을 뿌려 잎을 말쑥하게 씻어 준다. 그리고 종합 비료인 하이포 넥스를 지정된 농도의 두 배 정도 곧 사천 배의 물에 타서 분 가장 자리 부분에 고루 부어 준다.

그리고 나서 그늘지고 습도가 높은 곳으로 분을 옮겨 4,5 일 휴양 시키는데 그 사이에 화장모래가 마르지 않도록 이틀에 한 번 꼴로 잎 위로부터 가볍게 분무(噴霧)해 준다. 그 뒤로 서서히 약한 햇볕을 쪼이게 하다가 두어 주일 지나면 정상적인 요령으로 가꾸어 나간다.

갈아 심은 뒤에 한 달쯤은 배양토가 심하게 마르지 않도록 보통 때 보다 좀 잦게 물을 준다.

갈아심기로 난의 생육 상태가 좋지 않게 되었다면 그것은 햇빛을 제대로 조절해 주지 못했다거나 강한 바람을 막아 주지 못한 따위의 관리 소홀 때문이다.

동양란이 요구하는 환경

동양란을 가꾸기에 알맞은 온도와 햇볕 그리고 습기와 바람에 대해서 알아보자.

온도

동양란은 아시아의 난대 지방에 형성되는 활엽수림 속에서 나는 식물이다. 그러므로 심한 추위와 더위를 싫어한다.

동양란 가꾸기에 알맞는 온도는 최저 섭씨 10도부터 최고 섭씨 27,8도이다. 그 중에서도 난의 생육에 가장 좋은 온도는 20도에서 25도 사이이다. 온도가 5,6도로 떨어지면 뿌리의 수분 흡수 작용이 거의 중지되고 30도가 넘으면 더위 때문에 뿌리의 움직임이 미약해진다.

우리나라에서는 한여름을 제외하고 4월 하순부터 9월 하순까지가 동양란 가꾸기에 가장 알맞는 기후라고 할 수 있으며, 그 밖의 계절에는 인위적인 방법으로 온도를 조절해 주어야 한다.

겨울철의 온도 관리 난의 자생 지대인 난대 지방에서도 한겨울에는 무서리가 내리고 기온이 빙점 아래로 떨어지기도 한다.

이런 기후 변동에 살아 남기 위해 동양란도 다른 식물처럼 생육기와 휴면기를 가지고 있다. 자연 상태로 가꾸는 것이 최고의 방법이므로 동양란도 겨울철에는 가온해 가면서 가꾸기보다 자연에 가까운 상태로 온도를 낮추어 주는 것이 바람직하다.

동양란은 얼어 붙지 않는 한 무난히 겨울을 날 수 있는 내한성이 있지만 분에 심겨 자랄 때에는 야생으로 자랄 때보다 그 힘이 약해진다.

그래서 소엽계의 동양란의 경우 10도 안팎의 온도를 유지하여 충분히 휴면하고 안전하게 겨울을 날 수 있게 해 주는 것이 바람직하다. 물론 이보다 낮은 5도쯤에서도 별 탈 없이 겨울을 날 수 있지만 그럴 경우 새 눈이 움직이기 시작하는 것이 늦어져 그 해 안에 완전한 촉으로 자라지 못한다.

한편 대엽계에 속하는 보세란과 대명란은 소엽계보다 온난한 지역에서 자생하므로 겨울철의 월동 온도를 소엽계보다 약간 높은 15도쯤으로 해 주는 것이 좋다. 특히 잎에 아름다운 무늬가 생기는 종류는 냉기에 더 예민하므로 월동 온도가 15도를 밑도는 일이 없게 유의해야 한다.

여름철의 온도 관리 한여름에는 무더위 때문에 동양란도 생육에 지장을 받기 쉽다. 그래서 되도록 시원한 환경을 조성해

주어야 한다.

우선 실내에 두는 것보다 한데에 내놓는 것이 나은데 한데의 그늘
진 자리는 실내보다 월등히 기온이 낮다.

다음으로 난분 주위에 물을 뿌려 주는 방법이 있다. 물이 증발하면
서 증발열현상(蒸發熱現象)이 일어나 주위의 열을 빼앗으면서 공중
으로 날아가기 때문에 공기의 온도가 낮아진다. 여름철에 마당에 물
을 뿌리면 시원하게 느껴지는 것이 이 때문이다. 오전보다 석양녘에
물을 뿌리는 것이 효과있고 밤중까지 무더위가 계속될 때에는 자리
에 들기 전에 한 번 더 뿌려 준다.

햇빛

동양란은 나무 그늘에 나는 음지 식물로 나뭇가지 사이로 내리는
약한 햇빛에 익숙해 있다. 따라서 분에 가꿀 때에도 사철 강한 햇빛
이 잎에 직접 닿지 않게 관리한다.

겨울과 봄, 가을에는 반투명한 비닐이나 흰 망사를 쳐서 햇빛을 부
드럽게 한다. 거실이나 안방에서 가꿀 때에는 레이스커튼을 통과한
햇빛 정도가 알맞다.

여름철에는 주로 한데에 내놓고 가꾼다. 뜰안의 알맞은 장소에 50에
서 60 센티미터쯤의 높이로 판자를 깔아 가꾸는 자리를 마련하고 그
위에 발을 수평으로 쳐서 햇빛을 약하게 만든다. 발 높이는 판자로부
터 110에서 120 센티미터쯤이 알맞다. 이러한 요령으로 발을 치고
그 밑에 난을 내놓으면 잎에 닿는 햇빛의 강도가 직사광선의 30 퍼센
트 정도로 낮아져 이상적인 밝기가 된다.

석양빛은 모든 식물에 해로운 작용을 한다. 따라서 발을 칠 때에는
위뿐만이 아니라 서쪽에도 드리워 석양빛을 가려 주어야 한다.

강한 햇빛을 늘 쪼이면 잎의 빛깔이 누르스름해져서 신선한 느낌
이 없어지고 관상 가치가 크게 떨어진다. 또 갑자기 강한 햇빛에 쪼

이면 부분적으로 반점 모양의 잎이 타는 현상이 나타난다. 그 탄 자리는 처음에 퇴색하였다가 시간이 지남에 따라 황갈색으로부터 흑갈색으로 변한다.

잎이 타는 것은 강한 햇빛이 닿은 부분의 세포 조직이 죽어 버림으로써 생기는 현상이다. 강한 햇빛이 직접 닿은 부분만 잎이 타고 바로 옆의 조직은 아무런 피해를 입지 않기 때문에 피해를 입은 부분의 윤곽이 아주 뚜렷하게 나타나고 그 잎이 살아 있는 한 보기 흉한 상처로 남아 있게 된다.

습기와 바람

동양란은 온도와 햇빛이 알맞아도 공기의 습도가 60 퍼센트를 넘지 않으면 제대로 자라지 못한다.

공기가 메마르면 배양토 속에 물기가 알맞게 함유되어 있어도 잎이 제대로 자라지 못하고, 잎이 비틀어 지거나 짧아지고 두꺼워져서 전체적으로 딱딱한 느낌을 주게 된다.

모든 식물은 잎의 숨구멍을 통해 몸 속의 물기를 공중으로 내보내는 김내기 작용을 하면서 살아간다. 이것은 공기의 습도가 낮을수록 왕성해진다. 그러나 김내기 작용이 지나치게 왕성할 때에는 흙 속의 물기가 충분해도 잎에서 빠져 나가는 물기를 미처 충당할 수 없게 된다.

그 결과 잎이 짧아지고 두꺼워지며 때로는 비틀어져서 흙 속에 물기가 부족할 때와 비슷한 현상이 나타난다.

일반적으로 물을 빨아들이는 힘이 강한 실한 뿌리를 가진 식물일수록 심한 김내기 작용에도 견딘다. 동양란의 뿌리는 겉보기에 대단히 실하고 물을 빨아들이는 힘이 강해 보인다. 그러나 실제로는 해면 조직을 이룬 벨라민이라는 두꺼운 층으로 둘러싸여 있어 굵고 실하게 보일 뿐이지 그 속을 까 보면 뿌리가 실오라기같이 빈약하다. 벨라민층은 물을 빠른 속도로 빨아들이기는 하지만 이것은 갈무리하기 위한 현상이고 뿌리가 그 물을 몸 속으로 빨아들이는 양은 얼마 되지 않는다.

그러므로 동양란은 김내기 작용이 활발해지는 환경, 곧 건조한 공기 속에 놓일 때에는 몸집 스스로가 김내기 작용을 억제할 수 있는 방향으로 변하여 잎이 짧아지고 두꺼워진다. 이렇게 잎이 짧아지고 두꺼워지면 곡선미를 상실하여 동양란으로서의 운치를 잃고 만다. 동양란을 가꾸는 자리의 공기 습도가 늘 높게 유지되도록 여러모로 손을 써야 하는 까닭이 여기에 있다. 난의 수가 적을 때에는 하루에도 두세 번씩 분무기로 잎에 가볍게 물을 뿌려 주면 어느 정도 습도를 유지할 수 있고 가습기를 트는 것도 한 방법이다. 양이 많을 때에는 분 밑에 두꺼운 자리를 깔고 적셔 두면 된다.

동양란의 잎이 순조롭게 자라려면 이처럼 공기의 습도가 높아야 하지만 그렇다고 해서 바람을 완전히 막아 버리면 여러 가지 병이 생기기 쉽다. 그러므로 동양란을 가꾸는 자리는 습도를 높여 주면서 아울러 공기가 부드럽게 잎 가를 스쳐 흐를 수 있도록 통풍을 조절해 줄 필요가 있다.

강한 바람이 닿으면 공기의 습도가 크게 떨어질 뿐만이 아니라 잎이 꺾이는 일도 흔히 생긴다. 따라서 여름철에 한데에서 난을 가꿀 때에 치는 발은 바람막이 노릇도 한다.

물주기와 거름주기

물주기
동양란이 생육하는데 필요한 수분을 공급하기 위해 뿌리를 둘러싸고 있는 배양토를 적셔 주는 작업이 물주기이다. 누구나 할 수 있는 간단한 일로 알기 쉬우나 물주기야말로 동양란을 가꾸는 데에서 가장 중요한 작업이다.

물을 자주 주면 배양토가 항상 젖어 있어서 드나드는 공기의 양이 적어져 뿌리의 호흡 작용이 극도로 약해진다. 그와 함께 습기 때문에 배양토의 온도가 오르지 않아 세포 분열이 잘 안 되고 뿌리가 제대로 자라지 못한다. 게다가 배양토가 오래도록 습한 상태에 놓여 있을 때에는 뿌리가 썩어 버리기도 한다.

반대로 뿌리가 상하는 것을 두려워하여 물주기를 억제하면 수분 부족으로 잎이 생기를 잃고 누렇게 뜬다. 그렇게 되면 관상 가치가 크게 떨어지고 심할 때에는 말라 죽어 버린다.

따라서 난을 싱싱하고 힘찬 모습으로 가꾸어 놓자면 항상 적당한 양의 물을 주어야 하는데 그것이 말로는 쉬우나 실제로는 대단히 어렵다. 계절마다 그리고 난의 생육 상태와 뿌리의 충실도에 따라 물을 주는 주기를 달리 해야 하고 그러려면 많은 경험과 예리한 관찰력을 가져야 하기 때문이다.

물주기의 주기　　물은 주기적으로 주어야 한다. 한 번 물을 주면 분토가 어느 정도 마르는 것을 기다렸다가 다음 물주기를 해야 한다.

분토가 어느 정도 마르는 것은 수분의 과잉 상태가 해소되었음을 가리키고 이런 상태가 간격을 두고 생겨남으로써 뿌리가 썩는 위험으로부터 벗어날 수 있다. 또한 건조 상태로 접어들면서 뿌리가 물기를 찾아 신장해 나가므로 결과적으로 난은 실한 생육을 보이게 된다.

물을 주는 시기를 판단하기 위해서는 분토 표면의 빛깔 변화를 보는 것이 가장 손쉽고도 실질적인 방법이다. 배양토 표면의 빛깔은 함유된 수분의 양에 따라 변하므로 잘 관찰하면 수분의 과부족을 판단할 수 있다. 또 분을 들어 올려 바닥에 뚫려 있는 배수구멍을 살펴보는 것도 수분의 과부족을 판단하는 좋은 방법이다. 토분(土盆)일 경우에는 분벽의 건조 상태를 가지고도 판단이 가능하다. 곧 물기가 있을 때에는 분벽이 축축한 느낌을 풍기고 배양토가 말랐을 때에는 분벽도 하야스름한 빛깔로 변한다.

초심자의 경우에는 7,8 센티미터쯤의 길이로 자른 나무젓가락을 분속에 깊이 꽂아 수분의 양을 판단하는 것이 좋을 것이다. 이 젓가락을 가끔 뽑아 보아 나무젓가락에서 물기를 느낄 수 있을 때에는 물을 줄 필요가 없고 말라 있을 때에는 바로 물을 주어야 한다.

위와 같은 요령으로 세심한 주의를 기울여 물을 주어야 하는 것은 겨울철과 이른 봄 그리고 늦가을에 해당하는 시기이다.

여름의 고온기에는 난 자체의 김내기 작용이 활발하고 분토 표면에서 수분이 증발하는 양이 많기 때문에 아침에 물을 흠뻑 주어도 저녁 해질 무렵에는 분토가 거의 말라 버린다. 따라서 여름철에는 전혀 배양토의 수분 함유 상태를 살펴볼 필요가 없으며 매일 아침 한 번씩 물주기를 되풀이해야 한다.

잎이 좁고 작은 소엽계의 동양란은 건조에 견디는 힘이 꽤 강해서 웬만큼 건조해도 별 탈이 없다. 그러나 대엽계의 보세란이나 대명란은 잎이 커서 김내기 작용으로 잃는 물의 양이 많다. 따라서 배양토가 지나치게 마를 때에는 소엽계의 난보다 더 큰 피해를 입기 마련이다.

물 주는 방법　　물을 줄 때에는 분바닥에 뚫려 있는 배수구멍으로부터 꽤 많은 물이 흘러나올 정도로 흠뻑 주어야 한다. 적은 양의 물을 자주 주는 것이 난에 가장 해롭다. 배양토 속으로 고루 깊숙이 스며들지 않아 뿌리 끝이 말라 죽어 버리기 때문이다.

물주기가 다만 뿌리에 물기를 공급해 주기 위한 것만은 아니다. 거름주기로 인해 배양토 입자 사이에 축적되는 염류(塩類)를 씻어내는 한편 뿌리에 닿는 공기를 신선한 것과 바꾸어 주는 작용도 한다. 따라서 물주기는 배양토인 왕모래나 하이드로볼을 말쑥히 씻어 버리는 기분으로 흠뻑 끼얹는 것이 좋다.

거름주기

군자의 품격을 지닌 동양란은 깨끗한 흙 속에 뿌리를 박고 살아간다고 해서 예부터 거름을 주지 않는 것이 관례로 되어 왔다. 그러나 부자연스런 환경에서 제한된 분토 속에 뿌리를 뻗고 사는 동양란의 경우에는 부족한 여건을 보충해 주기 위한 비배관리(肥培管理)가 필요하다. 거름을 주어 식물을 살찌게 해야 본연의 운치가 살아나고 꽃도 제대로 피어난다.

거름의 종류 전에는 참깻묵을 물에 넣어 잘 썩인 다음 그 물을 떠내어 묽게 희석해서 거름으로 써 왔다. 이 거름은 효과가 있기는 하나 냄새가 고약해서 실내에서 주기에는 마땅치 않다.

최근에는 꽃 가꾸기 전용으로 만들어진 하이포넥스(Hyponex)라는 화학비료가 널리 쓰인다. 이 거름은 전혀 냄새가 나지 않을 뿐더러 식물이 자라는데 필요한 갖가지 성분을 고루 갖추고 있기 때문에 효과가 매우 크다.

하이포넥스는 가루로 된 것과 액체로 된 것이 있다. 가루로 된 것에는 생장을 촉진시키는 질소가 다량으로 들어 있으므로 봄철의 거름으로 쓰는 것이 좋다. 이에 견주어 액체로 된 하이포넥스는 꽃눈의 생장을 돕는 인산(燐酸)이 주성분이므로 가을철에 주는 것이 효과적이다.

이 밖에도 나무를 태워 만든 재를 10 배쯤의 물에 보름 동안 담가 두었다가 물만 떠내어 한 달에 한 번씩 물을 주는 대신 주면 뿌리가 실해진다.

거름 주는 방법   동양란의 뿌리는 매우 예민해서 짙은 거름이 직접 닿으면 쉬 상해 버린다. 그래서 일반 초화류보다 두 배쯤 더 묽게 해서 주는데 하이포넥스의 경우 천 배로 희석해서 주므로 동양란에는 이천 배로 희석해서 주어야 농도가 알맞다. 이 거름은 잎에서도 흡수하므로 분토뿐만이 아니라 잎에도 뿌려 주는 것이 효과적이다.

아뭏든 동양란은 그리 많은 거름을 요구하지 않는다. 봄철에는 4월 상순부터 6월 상순까지, 가을에는 9월 하순부터 10월 하순까지 열흘마다 하이포넥스를 희석해서 주면 충분하다. 고온기인 7, 8월에는 더위로 뿌리의 기능이 약해져 있으므로 이 시기에 거름을 주어서는 안 된다.

병과 벌레에 대한 대책

동양란도 몇 가지 병과 벌레의 피해를 입는 수가 있다. 피해를 입게 되면 난의 관상 가치가 크게 떨어질 뿐만이 아니라 생육 상태도 좋지 않게 되므로 미리 적절한 예방 조치를 해야 한다.

병의 종류와 그에 대한 조치

동양란의 병에는 잎에 생기는 것과 뿌리를 침해하는 것이 있다. 잎에 생기는 병으로는 세균병(細菌病)과 탄저병(炭疽病), 새 촉이 썩는 병의 세 가지가 대표적이고 뿌리를 침해하는 병으로는 뿌리썩음병과 흰비단병이 있다. 뿌리의 병은 배양토가 계속 습할 때에 생긴다.

세균병   이 병에 걸리면 중간 부분에 꺼멓고 작은 반점이 생기고 반점의 중심부가 움푹하게 가라앉는다. 그래서 흑반병(黑斑病) 또는 흑점병(黑點病)이라고도 한다.

특수한 세균에 의해 생기는 병으로 일반 살균제는 효과가 없다. 이 병에는 부라마이신이나 히토마이신 같은 마이신 계통의 살균제를 천배의 물에 타서 분무기로 잎 앞뒷면에 고루 뿌려 주어야 한다.

탄저병　　갈반병(褐斑病)이라고도 하는 이 병에 걸리면 잎 중간부에 지름 1 센티미터 안팎의 타원형 반점이 생겨난다. 이 반점은 병이 진행됨에 따라 점차 커지는 버릇이 있다.

다이젠엠 45가 특효약이다. 이 약을 사백 배의 물에 잘 풀어 분무기로 고루 뿌려 준다. 다이젠을 뿌리면 수분이 증발한 뒤에 잎 표면에 미색의 얼룩이 생긴다. 이것은 물에 풀어졌던 가루가 수분이 증발하면서 다시 가루 형태가 되어 잎에 붙음으로써 생기는 현상이다. 보기가 흉하므로 병의 진행이 머문 다음에 물로 깨끗이 닦아 준다.

새 촉이 썩는 병　　한창 자라나는 새 촉의 밑부분이 갈색으로 변하면서 마치 뜨거운 물에 데쳐 놓은 듯이 연해져 가볍게 잡아당겨도 빠져 버린다. 이 병은 대체로 장마가 끝나 햇빛이 갑자기 따가와지는 시기와 늦더위가 계속되는 초가을에 발생하기 쉽다.

바람을 맞지 못하고 지나치게 기온이 높을 때에 생기기 쉬우며 특히 새 촉의 잎이 겹쳐 있는 부분에 물이 들어차 있을 때에 생기기 쉽다.

이 병을 막으려면 다이젠 엠 45의 사백 배 액을 주기적으로 뿌려 주고 고온기에 물을 줄 때에는 새 촉의 중심부로 물이 스며들지 않게 주의해야 한다.

뿌리썩음병　　이 병에 걸린 뿌리는 항상 많은 물기를 머금고 있는 듯이 보이고, 썩어들어 가면서 더러운 갈색으로 변하다가 마침내는 껍질만 남고 속이 완전히 비어 버린다.

흰비단병　뿌리와 가덩이줄기가 이어지는 부분에 거미줄 같은 윤기있는 흰 곰팡이가 생기는 병이다. 곰팡이가 늘어나면서 곳곳에 담배씨만한 갈색 입자가 형성된다. 이러한 상태가 되면 뿌리는 기부로부터 썩어 버린다.

뿌리썩음병과 흰비단병을 치유할 수 있는 특효약은 없다. 병에 걸리지 않게 가꾸는 여건을 주는 수밖에 없다.
뿌리썩음병과 흰비단병을 일으키는 균은 습도가 높은 곳에서 자라므로 사기분과 같이 분토의 수분 조절이 잘 되지 않는 분을 피하고 유약을 입히지 않은 분에 난을 가꾸는 것이 가장 효과적이다.
뿌리썩음병에 걸린 난은 그 부분을 가위로 잘라 버리고 새로운 분에 새로운 흙으로 갈아 심어 주면 어느 정도 구제할 수 있다. 그러나 흰비단병에 걸리면 난을 버릴 수 밖에 없다.

바이러스로 인한 피해　바이러스는 난의 온 몸을 침해하는 병이다. 그 증세는 포기나누기에서 이미 설명했다. 바이러스의 침해를 입은 난은 어떤 방법을 써도 치유시킬 수가 없고 건전한 난으로 병이 옮겨가기가 쉽다. 따라서 바이러스의 증세가 나타난 난은 즉시 불태워 없애 버려야 한다.

해충의 종류와 구제법
동양란에 해를 주는 벌레로는 깍지벌레와 민달팽이가 있다.

깍지벌레　미세한 조개껍질과 같은 형태를 가진 이 벌레는 한 자리에 들러붙어 즙을 빨아먹는다. 잎의 앞뒤는 물론이고 특히 잎이 겹쳐 있는 부분에 틀어박혀 있는 수가 많다.
껍질을 뒤집어쓰고 있기 때문에 웬만한 살충제로는 죽일 수가 없어서 전에는 칫솔이나 이쑤시개로 긁어 없애는 방법을 썼다. 그러나 요즈음에는 디메토유제 계통의 로고나 록숀 같은 효과가 좋은 살충 제가 개발되어 그것을 천 배로 희석하여 뿌려 주면 쉽게 구제된다.

민달팽이　　민달팽이는 깍지를 가지고 있지 않은 달팽이인데 분 밑바닥 같은 습한 자리에 숨어 있다가 밤중에 연한 새 촉을 갉아 먹는다.

감자를 얇게 썰어 붕산가루를 발라 분 주위에 놓아 두면 밤중에 모 여들어 이것을 갉아먹고 죽는다.

빛깔있는 책들 203-4

동양란 가꾸기

글	—윤국병
사진	—윤국병, 손재식

발행인	—장세우
발행처	—주식회사 대원사

편집	—오현주, 이재운, 박노언, 김인숙
미술	—김숙경, 유정숙, 이숙영

첫판 1쇄 —1989년 5월 15일 발행
첫판10쇄 —2006년 6월 30일 발행

주식회사 대원사
우편번호/140-901
서울 용산구 후암동 358-17
전화번호/(02) 757-6717~9
팩시밀리/(02) 775-8043
등록번호/제 3-191호
http://www.daewonsa.co.kr

값 13,000원

Daewonsa Publishing Co., Ltd.
Printed in Korea(1989)

ISBN 89-369-0070-6 00480

빛깔있는 책들

건강 식품(분류번호:202)

즐거운 생활(분류번호:203)

건강 생활(분류번호:204)

한국의 자연(분류번호:301)

미술 일반(분류번호:401)

역사(분류번호:501)